QING SHAO NIAN KE XUE TAN SUO YING

青少年科学探索营

U0630500

神奇探索之路

何水明 编著　丛书主编 郭艳红

植物：草木是有情感的

汕头大学出版社

图书在版编目（CIP）数据

植物：草木是有情感的 / 何水明编著. -- 汕头：
汕头大学出版社，2015.3（2020.1重印）
（青少年科学探索营 / 郭艳红主编）
ISBN 978-7-5658-1665-9

Ⅰ．①植⋯ Ⅱ．①何⋯ Ⅲ．①植物－青少年读物
Ⅳ．①Q94-49

中国版本图书馆CIP数据核字(2015)第026253号

植物：草木是有情感的　　　　　ZHIWU：CAOMU SHI YOU QINGGAN DE

编　　著：何水明
丛书主编：郭艳红
责任编辑：汪艳蕾
封面设计：大华文苑
责任技编：黄东生
出版发行：汕头大学出版社
　　　　　广东省汕头市大学路243号汕头大学校园内　邮政编码：515063
电　　话：0754-82904613
印　　刷：三河市燕春印务有限公司
开　　本：700mm×1000mm　1/16
印　　张：7
字　　数：50千字
版　　次：2015年3月第1版
印　　次：2020年1月第2次印刷
定　　价：29.80元
ISBN 978-7-5658-1665-9

前言

　　科学探索是认识世界的天梯，具有巨大的前进力量。随着科学的萌芽，迎来了人类文明的曙光。随着科学技术的发展，推动了人类社会的进步。随着知识的积累，人类利用自然、改造自然的的能力越来越强，科学越来越广泛而深入地渗透到人们的工作、生产、生活和思维等方面，科学技术成为人类文明程度的主要标志，科学的光芒照耀着我们前进的方向。

　　因此，我们只有通过科学探索，在未知的及已知的领域重新发现，才能创造崭新的天地，才能不断推进人类文明向前发展，才能从必然王国走向自由王国。

　　但是，我们生存世界的奥秘，几乎是无穷无尽，从太空到地球，从宇宙到海洋，真是无奇不有，怪事迭起，奥妙无穷，神秘莫测，许许多多的难解之谜简直不可思议，使我们对自己的生命现象和生存环境捉摸不透。破解这些谜团，有助于我们人类社会向更高层次不断迈进。

　　其实，宇宙世界的丰富多彩与无限魅力就在于那许许多多的难解之谜，使我们不得不密切关注和发出疑问。我们总是不断地去认识它、探索它。虽然今天科学技术的发展日新月异，达到了很高程度，但对于那些奥秘还是难以圆满解答。尽管经过古今中外许许多多科学先驱不断奋斗，一个个奥秘被不断解开，推进了科学技术大发展，但随之又发现了许多新的奥秘，又不得不向新问题发起挑战。

宇宙世界是无限的，科学探索也是无限的，我们只有不断拓展更加广阔的生存空间，破解更多的奥秘现象，才能使之造福于我们人类，我们人类社会才能不断获得发展。

为了普及科学知识，激励广大青少年认识和探索宇宙世界的无穷奥妙，根据中外最新研究成果，编辑了这套《青少年科学探索营》，主要包括基础科学、奥秘世界、未解之谜、神奇探索、科学发现等内容，具有很强系统性、科学性、可读性和新奇性。

本套作品知识全面、内容精炼、图文并茂，形象生动，能够培养我们的科学兴趣和爱好，达到普及科学知识的目的，具有很强的可读性、启发性和知识性，是我们广大青少年读者了解科技、增长知识、开阔视野、提高素质、激发探索和启迪智慧的良好科普读物。

目 录

植物扩张领土之谜

植物界的地盘争夺战

动物为了维持自己的生存，本能地会与同类或不同类动物争夺地盘，这种弱肉强食的现象已是众所周知的事实。但是，在植物界也会出现争夺地盘的现象。

在俄罗斯的基洛夫州生长着两种云杉，一种是挺拔高大，喜欢温暖的欧洲云杉；另一种是个头稍矮，耐寒力较强的西伯利

亚云杉。它们都属于松树云杉属，应该称得上是亲密的"兄弟俩"，但是在它们之间也进行着旷日持久的地盘争夺战。

人们在古植物学研究中发现，几千年前这里大面积生长着的是西伯利亚云杉。经过数千年的激烈竞争，欧洲云杉已从当年的微弱少数变成了数量庞大的统治者，而西伯利亚云杉却被逼得向寒冷的乌拉尔山方向节节后退。学者们认为是自然环境因素帮助欧洲云杉赢得了这场"战争"，因为逐渐变暖的北半球气候更加适于欧洲云杉的生长。

植物之间的相生相克

可是仅仅用自然环境因素来解释植物对地盘的争夺，对另外一些植物来说似乎并不合适。因为许多植物

的盛衰似乎只取决于竞争对手的强弱，而与自然环境无关。

比如在同一地区，蓖麻和小荠菜都长得很好，可是若将它们种在一起，蓖麻就像生了病一样，下面的叶子全部枯萎。

而葡萄和卷心菜也是绝不肯和睦相处的一对。尽管葡萄爬得高，也无法摆脱卷心菜对它的伤害。

把蛮横霸道发展到极点的是山艾树。这是生长在美国西南部干燥平原上的一种树，在它们生长的地盘内，竟不允许有任何外来植物落脚，即便是一棵杂草也不行。

美国佐治亚州立大学的研究者们为了证实这一点，不止一次地在它们中间种植一些其他植物，结果这些植物没有一种能逃脱死亡的结局。经分析研究发现，山艾树能分泌一种化学物质，而这种化学物质很可能就是它保护自己领地，置其他植物于死地的秘密武器。

土长植物与外来植物的战争

最令科学家们不解和吃惊的是土生土长植物与外来植物之间的地盘争夺战。为了美化环境，美国曾从国外大量引进外来植物，没想到若干年后，这些外来植物竟反客为主。

比如原产于南美洲的鳄草，从19世纪80年代引进以来，至今在佛罗里达已统治了全州所有的运河、湖泊和水塘。过去长满径草的西棕榈滩，现在已经成了澳大利亚树的一统天下，土生土长的径草反而变得凤毛麟角，难得一见了。而澳大利亚胡椒也成了佛罗里达州东南部的植物霸主。还多亏了有人类干预，否则，这些外来植物会把本地植物杀得片甲不留。

说这些外来植物的耀武扬威是自然因素造成的，似乎没有道

理。因为从理论上说，土生土长的植物应该比外来者具有更强的适应当地环境的能力。

如果外来植物是靠分泌化学物质来驱赶当地植物的，那么为什么当地植物在自己的地盘上却反而显示不出这种优势呢？这还有待于科学家的进一步研究发现。

植物中的共生效应

到过森林里的人就会知道，那里浓荫蔽日，因为树木都相距不远。如果是在杉树林，它们就更是相互紧挨着，全都缩手缩脚地笔直站在那里。它们挤在一起不是为了暖和，而是为了大家都能快快活活地成长，这叫做共生效应。共生效应的结果是共同繁荣，对大家都有好处。

同种的植物可以有共生效应，不同种的植物也有共生效应。生物学所说的共生含义，主要是指不同种的两个个体在生活中彼

此相互依赖的现象。例如，有一种植物名叫地衣，可它并不是单一的植物，而是由藻类和真菌共同组成的复合体。藻类进行光合作用制造有机养料，菌类则从中吸收水分和无机盐，并为藻类进行光合作用时提供原料，同时使藻类保持一定的湿度。

不过，正如达尔文所说的，大自然在表面看来，似乎和谐而喜悦，实际上却到处都在发生搏斗。实际情况也确实如此，大鱼吃小鱼，弱肉强食的现象无处不在。植物为了自身的生存，它们之间的斗争也是非常激烈的。如果说亲善是植物之间相互生存手段的话，那么，斗争就是植物最常使用的求生办法了。

植物之间的斗争

下小雨的时候，雨水从紫云英的叶面流下来，然而流下的已不是天上的雨水，紫云英叶上的大量的硒被溶进了水滴里，周围的植物接触到有硒的水滴，就被毒害而死。这是紫云英为独占地盘而惯用的手法。

有一种名叫铃兰的花卉，若同丁香花放在一起，丁香花就会因经不住铃兰的毒气进攻而很快凋谢。要是玫瑰花与木樨草相遇，玫瑰花便拼命排斥木樨草。木樨草则在凋谢前后放出一种特殊的化学物质，使玫瑰花中毒而死，结果是同归于尽。既然植物间有亲善和斗争，我们不妨利用这一点，以达到趋利避害的目的。例如，棉花的害虫棉蚜虫害怕大蒜的气味，将棉花与大蒜间作，可使棉花增产。棉田里配种小麦、绿豆等作物，也有防治虫害，促进棉花增产的作用。

卷心菜易得根腐病，要是让卷心菜与韭菜做邻居，那卷心菜

的根腐病就会大大减轻，但要是葡萄园里种卷心菜，葡萄就会遭殃了。如果卷心菜与芹菜同长在一起，由于它们有相克作用，则会两败俱伤的。同样的道理，让苹果与樱桃一起生长，可以共生共荣，若在苹果园里种燕麦或苜蓿，对两方都不会有利。

延 伸 阅 读

　　人们还发现，农作物之间也有互不相容的情况：苦苣菜种得多了，在它身边的植物就要倒霉，似乎总受到它的欺负，老长不好。

植物防御武器秘密

植物的自我保护

我们到野外旅游的时候，总有一种感受，就是在进入灌木丛或草地时，要注意别让植物的刺扎了。北方山区的酸枣树长的刺就挺厉害。酸枣树长刺是为了保护自己，免遭动物的侵害，别的植物长刺也是这个目的。

仙人球或仙人掌，它们的老家本来在沙漠里，由于那里干旱少雨，它们的叶子退化了，身体里贮存了很多水分，外面长了许

多硬刺。如果没有这些刺，沙漠里的动物为了解渴，就会毫无顾忌地把仙人掌吃了。有了这些硬刺，动物们就不敢碰它们了。

田野里的庄稼也是一样的，稻谷成熟的时候，它的芒刺就会变得更加坚硬、锋利，使麻雀闻到稻香也不敢轻易地啄它一口，连满身披甲的甲虫也望而生畏。

植物的刺长得最繁密的地方往往是身体最幼嫩的部分，它长在昆虫大量繁殖之前，以抵御对它们的伤害。

先进的自我保护武器

植物界中蝎子草的武器很先进，它是一种荨麻科植物，生长在比较潮湿和荫凉的地方。蝎子草也长刺，但它的刺非常特殊，刺是空心的，里面有一种毒液，如果人或动物碰上，刺就会自动断裂，把毒液注入人或动物的皮肤里，会引起皮肤发炎或瘙痒。这样一来，野生动物就不敢侵犯它们了。

植物体内的有毒物质是植物世界最厉害的防御武器。龙舌兰含有一种植物类固醇，动物吃了以后，会使它的红细胞破裂，死于非命。夹竹桃含有一种肌肉松弛剂，别说昆虫和鸟吃了它，就是人畜吃了也性命难保。毒芹是一种伞形科植物，它的种子里含有生物碱，动物吃了在几小时以内就会死亡。

另外，乌头的嫩叶、藜芦的嫩叶也有很大的毒性，如果牛羊吃了也会中毒而死，有趣的是牛羊见了它们就会躲得远远的。巴豆的全身都有毒，种子含有的巴豆素毒性更大，吃了以后会引起呕吐、拉肚子，甚至休克。

有一种叫红杉的土豆，含有毒素，叶蝉咬上一口就会丧命。有的植物虽然也含有生物碱，但只是味道不好，尝过苦头的食草动物就不敢再吃它了。它们使用的是一种威力轻微的化学武器，是纯防御性质的。

为了抵御病菌、昆虫和鸟类的袭击，一些植物长出了各种奇

妙的器官，就像我们人类的装甲一样。比如番茄和苹果，它们就用增厚角质层的办法来抵抗细菌的侵害。小麦的叶片表面长出一层蜡质，锈菌就危害不了它了。抗虫玉米的装甲更先进，它的苞叶能紧紧裹住果穗，把害虫关在里面，叫它们互相残杀弱肉强食，或者把害虫赶到花丝，让它们服毒自尽。

植物的生物化学武器

有的植物还拥有更先进的生物化学武器。它们体内含有各种特殊的生化物质，像蜕皮激素、抗蜕皮激素、抗保幼激素、性外激素什么的。昆虫吃了以后，会引起发育异常，不该蜕皮的蜕了皮，该蜕皮的却蜕不了皮，有的则干脆失去了繁殖能力。

20多年来，科学家曾对1300多种植物进行了研究，发现其中有200多种植物含有蜕皮激素。由此可见，植物世界早就知道使用生物武器了。

古代人打仗的时候，为了防止敌人进攻，就在城外挖一条护城河。

有一种叫续断的植物，也会使用这种防御办法。

它的叶子是对生的，但叶基部分扩大相连，从外表上看，它的茎好像是从两片相接的叶子中穿出来的一样，在它两片叶子相接的地方形成一条沟，等下雨的时候里面可以存一些水。这样

一来，就成了一条护城河，如果害虫沿着茎爬上来偷袭就会被淹死，从而保护了上部的花和果。

有些国家正在研制的非致命武器中，有一种特殊的黏胶剂，把它洒在机场上，可以使敌人的飞机起飞不了；把它洒在铁路上，可以使敌人的火车寸步难行；把它洒在公路上，可以使敌人的坦克和各种军车开不起来，从而达到兵不血刃的效果。

更让人惊奇的是一种叫霍麦的植物，也会使用这种先进武器。这种植物特别像石竹花，当你用手拔它的时候会感到黏糊糊的。原来在它的节间表面能分泌出一种黏液，就像涂上了胶水一样。它可以防止昆虫沿着茎爬上去危害霍麦上部的叶和花。当虫子爬到有黏液的地方，就会被黏得动弹不了，不少害虫还丧了命。

有趣的是在这场植物与动物的战争中，在植物拥有各种防御武器的同时，动物也相应地发展了自己的解毒能力，用来对付植

物。像有些昆虫就能毫无顾忌地大吃一些有毒植物。当昆虫的抗毒能力增强了的时候，又会促使植物发展更大威力更有效的化学武器。

这些植物是怎样知道制造、使用和发展自己的防御武器的？它们又是怎样合成这些防御武器的呢？目前科学家还没有一个定论。

延 伸 阅 读

据科学家称，在非洲的卡拉哈利沙漠地带，生长着一种带刺的南瓜，当它受到动物侵犯的时候，它的刺就会插进来犯者的身上，因此许多飞禽走兽见到它，就自动躲开了。植物身上长的刺就像古代军队使用的刀剑一样，是一种原始的防御武器。

植物神经系统之谜

生性敏感的植物

澳大利亚的花柱草，雄蕊像一根手指一样伸在花的外边，当昆虫碰到它时，它能在0.01秒的时间内突然转动180度以上，使光顾的昆虫全身都沾满了花粉，成为它的义务传粉员。

捕蝇草的叶子平时是张着的，看上去与其他植物的叶子并无二致，可一旦昆虫飞临，它会在不到1秒钟的时间之内像两只手

掌一样合拢，捉住昆虫美餐一顿。众所周知，动物的种种动作都是由神经支配的，那么植物呢？难道植物也有神经吗？

植物的神经系统

早在19世纪，进化论的创始人达尔文就在研究食肉植物时发现，捕蝇草的捉虫动作并不是遇到昆虫就会发生，实际上，在它的叶片上，只有6根毛有传递信息的功能，也就是说昆虫只有触及到这6根"触发毛"中的一根或几根时，叶片才会突然关闭。

植物信号以这样快的速度从叶毛传到捕蝇草叶子内部的运动细胞，达尔文因此推测植物也许具备与动物相似的神经系统，因为只有动物神经中的脉冲才能达到这样的速度。

20世纪60年代后，这个问题再一次成为科学家们研究的重点课题。坚持植物有神经的是伦敦大学著名生理学教授桑德逊和加拿大卡林登大学学者雅克布森。他们在对捕蝇草的观察研究中，分别测到了这种植物叶片上的电脉冲和不规则电信号，因此便推断植物是有神经的。沙特阿拉伯生物学教授通过研究也认为植物有化学神经系统，因为在它们受伤害时会做出防御反应。

但是也有许多学者不同意这一观点，德国植物学家萨克斯就是其中之一。他认为植物体内电信号的传递速度太缓慢，一般为每秒0.02米，与高等动物的神经电信号传递速度每秒数米根本无法相比，而且从解剖学角度看，植物体内根本不存在任何神经组织。

美国华盛顿大学的专门研究小组在研究捕蝇草时发现，反复刺激片上的触发毛捕蝇草不仅能发出电信号，同时也能从表面的消化腺中分泌少量的消化液。但仅仅据此，仍然无法确定植物体内一定具有神经组织。

所有植物都有应用电信号的能力，这已经被科学家们反复验证。但是，因为植物的电信号都是通过表皮或其他普通细胞以极其原始的方式传导的，它们并无专门的传导组织。因此，相当多的学者认为，植物的电信号与动物的电信号虽然十分相似，但仍不能认为植物已经具备了神经系统。植物到底有没有神经，还有待人们进一步去研究探讨。

会说话的植物

20世纪70年代，一位澳大利亚科学家发现了一个惊人的现象，那就是当植物遭到严重干旱时，会发出"咔嗒、咔嗒"的声音。后来通过进一步的测量发现，声音是由微小的输水管震动产生的。

不过，当时的科学家还无法解释，这声音是出于偶然，还是由于植物渴望喝水而有意发出的。

不久之后，一位英国科学家米切尔把微型话筒放在植物茎部，倾听它是否发出声音。经过长期测听，他虽然没有得到更多的证据来说明植物确实存在语言，但科学家对植物语言的研究，仍然热情不减。

对植物语言的研究

1980年，美国科学家金斯勒和他的同事，在一个干旱的峡谷里装上遥感装置，用来监听植物生长时发出的电信号。结果他发现当植物进行光合作用，将养分转换成生长的原料时就会发出一种信号。了解这种信号是很重要的，因为只要把这些信号译出来，人类就能对农作物生长的每个阶段了如指掌。

金斯勒的研究成果公布后，引起了许多科学家的兴趣。但他们同时又怀疑，这些电信号的植物语言，是否能真实而又完整地表达出植物各个生长阶段的情况，它是植物的语言吗？

1983年，美国的两位科学家宣称，能代表植物语言的也许不是声音或电信号，而是特殊的化学物质。因为他们在研究受到害虫袭击的树木时发现，植物会在空中传播化学物质，对周围邻近的树木传递警告信息。英国科学家罗德和日本科学家岩尾宪三，为了能更彻底地了解植物发出声音的奥秘，特意设计出一台别具一格的植物活性翻译机。这种机器只要接上放大器和合成器，就能够直接听到植物的声音。

罗德和岩尾宪三充满自信地预测说，这种奇妙机器的出现，不仅在将来可以做植物对环境污染的反应，以及对植物本身健康状况诊断，而且还有可能使人类进入与植物

进行对话的阶段。

当然，这仅仅是一种美好的设想，目前还有许多科学家不承认有植物语言的存在，植物究竟有没有语言，看来只有等待今后的进一步研究才能得出答案。

延 伸 阅 读

科学家认为，植物虽不具有神经系统，但是对外界刺激同样也有反应。科学家还发现，植物与动物一样也能被麻醉。例如向植物喷氯仿，它会失去意识；给它供应新鲜空气后，它又会苏醒了过来。

植物发光的秘密

会发光的柳树

在江苏省丹徒县发生过这么一件事：有几棵生长在田边的柳树居然在夜间发出一种浅蓝色的光，而且刮风下雨，酷暑严寒都不受影响。

这是怎么回事呢？有人说这是神灵显现，有人说这些柳树是神树，一时间闹得沸沸扬扬。

科学家们得知这一消息后，对柳树进行了体检，并从它身上刮取一些物质进行培养，结果培养出了一种叫"假蜜环菌"的真菌。答案找到了。

原来，会发光的不是柳树本身，而是假蜜环菌，因为这种真菌的菌丝体会发光，因此它又有"亮菌"的雅号。假蜜环菌在江苏、浙江一带较多，它专找一些树桩安身，用白色菌丝体吮吸植物养料。白天由于阳光的缘故，人们看不见它发出的光，而在夜晚，就可以看见了。

能发光的杨树

1983年，在湖南省南县沙港乡，人们发现了一棵能发光的杨树。这棵树的直径有0.23米，4月7日被砍伐并剥掉树皮之后，竟然在晚上发起光来，就连树根和锯出的木屑也一样放光。一根1米长，0.05米粗的树枝，它的亮度就相当于一只5瓦的日光灯。

随着树内水分的蒸发，亮度也一天比一天减弱，但树枝受潮以后，亮度又会增加。这棵杨树发光的原因，一直没有查明。

在贵州省三都水族自治县的原始森林里，又新发现了5棵罕见的夜光树。在没有月亮的夜晚，当地人会看到这样一幅奇景：在

一棵大树的枝杈上，有成百上千个两寸多长的月牙儿正在放着荧光。当微风吹过的时候，千百个小月牙儿轻轻地摇啊摇的更是好看。原来这些小月牙就是夜光树上会发光的叶子。

揭秘发光的真相

其实，不但真菌会发光，其他菌类也会发光。据说，在1900年巴黎举行的国际博览会上，有人把发光细菌收集在一个瓶子里，挂在光学展览室里，结果这个"细菌灯"把房间照得通明！

菌类为什么会发光呢？原来，在它们体内有一种特殊的发光物质叫荧光素。荧光素在体内生命活动的过程中被氧化，同时以光的形式放出能量。

这种光利用能量的效率比较高，有95％的能量转变成光，因此光色柔和，被称为冷光。

江西省井冈山地区有一种常绿阔叶树，叶子里含有磷，这种磷释放出来以后会和空气中的氧气结合成为磷火，磷火能放出一种没有热度，也不能燃烧，但有光亮的冷光。白天看不见，但在晴朗无风的夜晚，这些冷光聚拢起来，仿佛悬挂在山间的一盏盏灯笼，当地人叫它"鬼树"。

古巴有一种美丽的发光植物，每当黄昏时花朵才开始绽放。这种花的花蕊中聚集了大量的磷，微风吹过，花蕊便星星点点地闪烁出明亮的异彩，仿佛无数萤火虫在花蕊间翩翩起舞。有意思的是，一旦黑夜逝去，这种花就像完成了使命，很快就凋谢了。

非洲冈比亚南斯明草原上有一种名叫"路灯草"的植物，可以说是发光植物中的佼佼者。别看它小，它所发出的光亮，甚至可以与路灯相媲美。路灯草的叶片表面有着一层像银霜一样的晶珠，富含磷。每当夜幕降临，这种草便闪闪发光，把周围的一切照得十分清晰，当地居民把这种小草移植到家门口充当"路灯"。

　　夜皇后的花朵内也聚集了大量的磷，一旦与空气接触就会发光。夜间活动的昆虫见到亮光，就会被吸引前去帮助植株传播花粉。夜皇后的花朵放光，实际上是一种适应环境的一种特殊本领。

延　伸　阅　读

　　芦荟发光：南京中山植物园研究多浆多肉植物的专家耿蕾种的芦荟，到夜间会发出密密麻麻的小白光。耿蕾说，这种植物发光和它从土壤中吸收的磷肥的成分有关，自己在土壤里施放了磷肥，吸收了大量磷的那些角质层上的白刺，会在黑暗里发出光来。

植物驱蚊、治病之谜

能驱蚊的蚊净香草

近年来，能驱蚊的植物成了人们关注的焦点。蚊净香草就是这样一种植物。它是被改变了遗传结构的芳香类天竺葵科植物。该植物耐旱，半年内就可生长成熟，养护得当可成活10年至15年，并且其枝叶的造型可随意改变，有很高的观赏价值。

蚊净香草散发出一种清新淡雅的柠檬香味，在室内有很好的驱蚊效果，对人体却没有毒副作用。温度越高，其散发的香越多，驱蚊效果越好。

据测试，一盆冠幅0.3米以上的蚊净香草，可将面积为10平方米以上房间内的蚊虫赶走。

另外，一种名为除虫菊的植物含有除虫菊酯，也能有效驱除蚊虫。另外艾叶、夜来香、茉莉花都可以驱蚊，但是夜来香不宜放在室内，可以放在阳台。

七里香

七里香是一种四季常绿的小灌木，外形呈伞房状，分枝多，紧密，叶小亮泽，花白繁密，花后还能结红色浆果，常常修剪的棵形美观大方，为居室增加美感。叶片有浓浓的辛、甜香味，驱蚊效果很好。

食虫草

食虫草是一种菊科草本植物，可长到1米来高，花小且呈黄色，一棵达数百只花头，各花头的外围苞片有黏液，就像5个伸开的小手指般有趣。只要有小蚊虫落在上面便被粘住，之后，虫子尸体被其慢慢消化作为其生长营养。若有灰尘粘落上面，数天后也被消化得无影无踪。盆栽摆放在家里，捉蚊又吸尘。

夜来香

蚊子害怕夜来香强烈的气味，自然可以收到驱蚊的效果。这

　　类花卉大多优雅清丽，种植方便，价格也不贵，加之夏季开花时绿白相间，望之易生凉意。

　　夜来香一类花卉的香气初闻往往沁人心脾，但闻久了因其过于浓烈可能会有不适反应。

驱蚊草

　　利用叶面特有的释放系统作为载体，将香茅醛物质源源不断释放于空气中。同时，还植入含有清新气味和净化空气作用的植物基因结构，形成天然蒸发器，因而芳香四溢。

　　在炎热的夏天，这种草会令人神清气爽、心旷神怡。经测试，其驱蚊效果良好，对人畜无害，可驱避上百种蚊虫。驱蚊草属多年生草本植物，生存温度在零下3摄氏度以上，室内外均可栽培。一般温度越高，香味越浓，驱蚊效果越好。

治病树

在美国迈阿密小哈那区，有一户人家砍倒了一棵奇怪的树。没想到，树干上的液汁创造了奇迹，它使一个91岁高龄的盲人双眼复明；还让一个患严重关节痛的妇女消除了疼痛。

消息传开之后，招来了许多病人，他们围在这户人家的花园外面，争着用小刀割下一小片树皮。为了防止造成交通事故，当地政府不得不派出警察维持秩序。

这棵树是加勒比热带树，俗称"海滩葡萄"。经专家鉴定：这种树的液汁里含有一种特殊的物质，它能有效地清除眼睛里产生内障的黏质物，使盲人复明；这种树汁还可能有消除腹泻、痢疾的功能。但它并不是包治百疾的"灵丹妙药"。

皮肤树

墨西哥有一种叫"特别斯"的奇树。因为它对治疗皮肤烧伤有特殊的疗效，所以人们又称其为"皮肤树"。当地人把这种树的皮剥下来晒干，再用火烧，到一定程度以后再把它研成粉末，把这种粉末敷在创伤的地方，创伤很快就会被治好。

在墨西哥大地震后，皮肤树显示了它治愈外伤的神奇功效，治好了许多伤员。经专家鉴定，这种树的树皮里含有两种抗生素和强大的促进皮肤再生的刺激素。目前，这种皮肤树已经被墨西哥政府定为珍稀树种，加以特别保护。

抗癌树

科学家们发现，有一种名叫三尖杉的树，具有抗癌的功效。三尖杉是一种常绿灌木或小乔木，高不过12米。它的树皮是灰色的，叶子是长条形的，跟一般的杉树相似。

它的根、茎里含有20多种生物碱，尤其是三尖杉脂碱和高三尖脂碱，可用于治疗白血病；还有一种叫美母登的树木，内含有美登素、卫柔醇、丁香酸等成分，具有抑制癌细胞的分裂繁殖作用。

退烧树

在非洲卢旺达的原始大森林中，有一种退烧树。它的枝条和叶子中含有一种液体，具有退烧作用，能治疗重感冒。卢旺达居

民患重感冒发烧时，摘几片"退烧树"的树叶，放在嘴里咀嚼，一般只需半个小时，就可以退烧。

由于历史文化、地理环境和社会发展水平不同等多种原因，各地区的中药资源开发利用程度和应用范围存在着很大的差异，所以导致这些功能奇特的树到当今才得以发现。

延 伸 阅 读

镇静树：在南美洲亚马逊河的原始森林里面，生长着一种奇特的小灌木，夜里它能散发出一种奇特的气味，人闻到则昏昏欲睡；白天它发出幽香清凉的气味，刺激人的大脑，能使睡觉的人迅速清醒，哭闹的小孩停止啼哭。

植物食虫之谜

猪笼草

食虫植物在地球上的分布，主要在热带和亚热带，其次才是温带。据统计，全世界有食虫植物500种左右，我国约有30多种。在海南岛就有一种奇怪的植物，叫做猪笼草。

猪笼草因原生地土壤贫瘠，只能通过捕捉昆虫等小动物来补充营养，所以其为食虫植物中的一员。猪笼草的茎是半木质藤

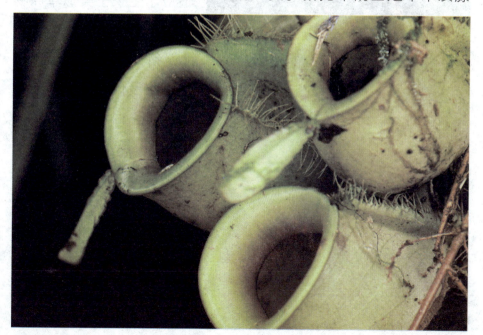

本，最长不过一两米，一般在一米以下，在它的叶端悬挂着一个一个的囊状物，这就是猪笼草捕食昆虫的工具。

它这个捕虫囊是由叶子的一部分变成的。叶的基部有叶柄和扁平的叶片，长椭圆形，长0.25米，宽 0.06米。

猪笼草的叶中脉延伸成卷须，长达0.003米。卷须的顶端膨大为捕虫囊，圆筒形，口部呈漏斗形，长0.15米，宽0.04米。囊口的后边还有一个能活动的囊盖。猪笼草的捕虫囊通常具有各样美丽的色泽，有引诱昆虫的作用。

猪笼草生活的环境其湿度和温度都较高，并具有明亮的散射光。一般为森林或灌木林的边缘或空地上。少数物种，如苹果猪

笼草，较喜生长于茂密阴暗的森林中。大部分物种适应了生长于类似草原物种的草类种群中。

猪笼草生长的土壤偏酸性且没什么营养，通常为泥炭、白沙、砂岩或火山土壤。猪笼草不仅有捕虫的本领外，还可以给人治病。当有人风热咳嗽，甚至肺燥咯血时，用猪笼草30克，水煎服即可治愈。最近还发现它能治糖尿病、高血压等疾病。

狸藻

狸藻生长在静水里，因为它没有根，所以能随水漂流。这种植物长可达一米，它的叶子分裂成丝状。在植物体下部的丝状裂片基部，生长着捕虫囊。

捕虫囊扁圆形，长约0.003米，宽约0.001米。在囊的上端侧面有一个小口，小口周围有一圈触毛。口部的内侧有一个方形的活瓣，能向内张开，活瓣的外侧有4根触毛。

狸藻的捕虫囊的内壁上有星状腺毛，腺毛能分泌消化液。一棵狸藻上长有上千个捕虫囊，每一个捕虫囊就是水中的一个小陷阱。在有狸藻分布的水里，到处都是小陷阱，从而形成一个陷阱网。

假若水中的小虫，进入这个陷阱网，想跑掉是不可能的。当水蚤这类小动物，游进了陷阱网，它就会东碰西撞。要是它碰到捕虫囊口部活瓣上的触毛，活瓣马上向内张开，水便立即流入捕虫囊内，此时小动物也会随着水流进入囊内。当小动物进入囊后，由于水压的关系，活瓣又立即关闭起来。

此时捕虫囊内壁上的星状腺毛，分泌出消化液，把虫体消化分解，通过捕虫囊壁细胞把养料吸收掉之后，剩下的水通过囊壁排出体外，捕虫囊又恢复原来的状态。狸藻就是这样靠自己吞食动物的本领，营养自身的。

毛毡苔

毛毡苔这种植物生长在沼泽地带，因为沼泽地带的小虫及蚊子特别多，它们就成为毛毡苔捕猎的对象了。

猪笼草是用瓶状的变态叶来捕虫，而毛毡苔则用变为手掌状的叶子来捕虫。毛毡苔为多年生草本植物，它的叶从根部生长起来，有一长柄，约0.05米，柄端长着圆形或扇形的叶片，宽0.004米至0.009米。叶上密生了许多触毛，触毛很像纤细的手指，它能握起来，又能伸开。

在触毛顶端成一个小球，这个小球能分泌黏液，黏液有蜜一样的芳香，馋嘴的昆虫闻到这种芳香就会迅速飞来。

当昆虫碰到毛毡苔的触毛时，触毛上的黏液就会把昆虫粘住。这时，触毛能很快地握起来，紧紧地抓住，不让昆虫跑掉。触毛上又能分泌一种蛋白酶，可以消化分解昆虫，毛毡苔的叶细胞就把消化后的养料吸收到植物体内。随后，触毛又伸开来等待着新的"客人"陷入它的魔掌之中。

最有趣的是毛毡苔能够辨别落在它叶子上面的是不是食物。有人曾做过试验，如果把一粒砂子放在它的叶子上，起初它的触毛也有些卷曲，但是，它很快就会发现落在叶子上的不是美味的食物，于是又把触毛舒展开了。

　　毛毡苔属于茅膏菜科，茅膏菜属。在茅膏菜属中，约有90种分布在热带和温带。我国有6种，分布在西南至东北的广大地区。毛毡苔生长在沼泽、湿草甸地上，或生长在山谷溪边林下潮湿的土壤上。毛毡苔又可入药，在欧美各国常用作治支气管炎的祛痰药，我国则多制成糖浆治疗百日咳。

延　伸　阅　读

　　澳大利亚西部有一种特有的土瓶草，它具有一个鞋状捕虫笼。捕虫笼的笼口很显眼并会分泌蜜液。在唇的内缘具有唇齿，以防止捕虫笼内的猎物爬出。昆虫常常被它们唇上分泌的蜜液和类似花朵般的形状和颜色所吸引。

植物预报地震之谜

可以预报地震的植物

在印度尼西亚爪哇岛的一座火山的斜坡上，遍地生长着一种花，它能准确地预报火山爆发和地震的发生。

如果这种花开得不是时候，那就是告诉人们，这一地区将有大灾降临，不是将有火山爆发，就是有地震发生。据说，其准确率高达90％以上。

20世纪80年代以后，科学家对植物是否能预测地震进行了相

关研究，从植物细胞学的角度，观察和测定了地震前植物机体内的变化。

经研究后发现，生物体的细胞犹如一个活电池，当接触生物体非对称的两个电极时，两电极之间产生电位差出现电流。

日本东京女子大学岛山教授经过长期不断的观察研究，对合欢树进行了多年生物电位测定，经分析发现合欢树能预测地震。

如在1978年6月10日至11日白天，合欢树发出了异常大的电流，特别是在12日上午10时左右观测到更大的电流后，下午17时14分，在宫城海域就发生了7.4级地震。

1983年5月26日中午，日本海中部发生了7.7级地震，在震前20小时岛山教授就观测到合欢树的异常电流变化，并预先发出了警告。

这表明，合欢树能够在地震前做出反应，出现异常大的电流。

有关专家认为，这是由于它的根系能敏感地捕捉到作为地震前兆的地球物理化学和磁场的变化。

植物能预感地震

据前苏联的一位教授观察，地震花开得不合时令，是因为火山爆发或地震出现的先兆，即由高频超声波而引起的。

这种异常出现的超声波振动促使地震花的新陈代谢发生突变，于是花就开了，向人们发出了将有火山爆发或地震发生的预报。

例如，在地震前，蒲公英在初冬季节就提前开了花；山芋藤也会一反常态突然开花；竹子不但会突然开花，还会大面积死亡等。以上这些异常现象，往往预示着地震即将发生。

含羞草是一种对环境变化很敏感的植物，在正常的情况下，含羞草的叶子白天是呈水平张开的，而随着夜色的渐渐降临，叶子会慢慢地闭合起来。

但是，在地震即将发生前的一个时期，含羞草的叶子却在大白天也会闭合，在夜间又莫名其妙地撑开来。

专家认为，在地震孕育的过程中，因地球深处会产生巨大压力，并产生电流。电流分解了石岩中的水，产生了带电粒子。带电粒子被挤到地表，再跑到空气中，产生了带电悬浮的粒子或离子，使植物产生异常的反应。

合欢花能在震前两天做出反应，就是由于它的根部能敏感地捕捉到震前的地球物候变化和磁场变化信息的缘故。

因此，我们可以通过观察有些植物震前的异常变化，提供地震预报信息，但对如何通过植物在震前发生的异常变化，比较准确地判断出地震发生的时间、地点，专家还需要进一步研究才能得知。

延 伸 阅 读

据中国科学家统计：1975年辽宁省海城地震前，出现过植物提前开花的现象；1976年唐山大地震前，河北省唐山地区和天津市郊区出现了竹子开花和柳树梢枯死的现象。

植物预报天气之谜

花中的天气预报员

我国西双版纳生长着一种奇妙的花，每当暴风雨将要来临时，便会开放出大量美丽的花朵，红色的花瓣染遍了深山老林，染红了悬崖峭壁。

人们根据这一特性，就可以预先知道天气的变化，因此大家叫它风雨花。

风雨花又叫红玉帘、菖蒲莲、韭莲，是石蒜科葱兰属草本花卉。它的叶子呈扁线形，很像韭菜的长叶，弯弯悬垂。

科学家通过研究发现，风雨花能预报风雨的奥秘是在暴风雨

到来之前，外界的大气压降低，天气闷热，植物的蒸腾作用增大，使它贮藏养料的鳞茎产生大量的激素，这种激素便促使它开放出许多花朵。

无独有偶，在澳大利亚和新西兰生长着一种神奇的花，也能够预报晴天和下雨，所以大家叫它报雨花。

这种花和我国的菊花非常相似，花瓣也是长条形，并有各种不同的颜色。

所不同的是，它要比菊花大2倍至3倍。那么，报雨花为什么能预报天气呢？

这是因为报雨花的花瓣对湿度很敏感。下雨前夕，空气湿度会增加，当空气湿度增加到一定程度时，花瓣就会萎缩，把花蕊紧紧地包起来，这将预示着不久天就会下雨。

而当空气中湿度减少时，花瓣就会慢慢展开，这就预示着晴

天。当地居民出门前，总要看一看报雨花，以便知道天气的情况，因此人们亲切地称它为"天气预报员"。

我国劳动人民从小毛桃的桃花颜色变化中，可预知雨量的多少。因为在不同的年份，桃花的色泽不同，当桃树开紫红色花时，就预示着当年的雨量偏少。而当桃树开粉红色花时，就预示着当年雨水偏多。

草中的天气预报员

多年生植物茅草和结缕草，也能够预测天气。当茅草的叶和茎交界处冒水沫时，或结缕草在叶茎交叉处出现霉毛团时，就预示着阴雨天将要到来。

因此，有"茅草叶柄吐沫，明天冒雨干活"、"结缕草长霉，将阴天下雨。"的谚语。

在湖塘水面上生长的菱角，也能预报晴天和雨天。

农谚说："菱角盘沉水，天将有风雨。" 这是因为阴雨天来临前，气温升高，气压降低，湖塘底部的沉积物发酵，生成的沼气逸出，水面不断地冒出水泡，水底的污泥和杂物泛起，粘在菱角的叶片上，使菱角盘的重量增加而下沉。

树中的天气预报员

在安徽省和县高关乡大滕村旁，有一棵榆树。令人称奇的是这是一棵能够预报当年旱涝的"气象树"。

人们根据这棵树发芽的早晚和树叶的疏密，就可以推断出当年雨水的多少。

这棵树如果在谷雨前发芽，长得芽多叶茂，就预兆当年将是雨水多、水位高，往往有涝灾；如果它跟别的树一样，按时节发芽，树叶长得有疏有密，当年就是风调雨顺的好年景；要是它推迟发芽，叶子长得又少，就预兆当年雨水少，旱情严重。

几十年来的观察资料证明，它对当年旱涝的预报是相当准确的。

科学家们经过初步调查认为，这可能是这棵树对生态环境特别敏感，才有了这种奇特的功能。

青冈树为何能预测晴雨呢

在我国广西忻城县龙顶村有一棵100多年树龄的青冈树，它的叶片颜色会随着天气变化而变化。

晴天时，树叶呈深绿色。天气久旱将要下雨前，树叶变为红色；雨后天气转晴时，树叶又恢复了原来的深绿色。所以人们称它为气象树。

这棵青冈树在长期适应生存环境过程中，对气候变化变得非常敏感。在干旱即将下雨前，常有一阵闷热强光天气，这时树叶

中叶绿素的合成受到了抑制，而花青素的合成却加速了，并在叶片中占了优势，因而叶片由绿变红。

当雨过干旱和强光解除后，花青素的合成又受到抑制，而加速了叶绿素的合成，这样叶绿素又占据了优势，所以叶片又恢复了原来的深绿色。

延 伸 阅 读

科学家发现农作物也能预示晴雨，如南瓜。在夏季的早晨，如果南瓜的藤头都向下翘，预示天要下雨。而在阴雨连绵的天气里，如果南瓜的藤头大多数都向上翘，就预示晴天将要来临，这是因为南瓜藤具有向阳性和向阴性的本能。

为何植物能御寒过冬

植物耐寒之谜

当严寒到来，许多动物都加厚了它们的"皮袍子"，深居简出，或者干脆钻到温暖的地下深处去睡觉。不少植物却依旧精神抖擞地屹然不动，若无其事地伸出它们那绿油油的叶子，好像并没有感觉到严寒的来临。

难道植物当真麻木不仁，对寒冷完全无动于衷吗？不！过度的寒冷一样可以将植物冻死。比如，当植物细胞中的水分一旦结成冰晶后，植物的许多生理活动就会无法进行。更要命的是，冰

晶会将细胞壁胀破，从而杀死植物。经过霜冻的青菜、萝卜吃起来不是又甜又软吗？甜是因为它们将一部分淀粉转化成了糖，而甜就是细胞组织已被破坏的缘故。

不过，要使植物体内的水分结冻，并不太容易。比如娇嫩的白菜，要在零下15摄氏度才会结冰，萝卜等可以经受零下20摄氏度而不结冰，许多常绿树木，甚至在零下四五十摄氏度还依然不会结冰，秘密何在呢？

如果说粗大的树木可以用寒气不易侵入来解释，那么细小的树枝和树叶、娇嫩的蔬菜何以也不易结冰呢？白菜、萝卜、番薯等遇上寒冷时，会将贮存的部分淀粉转化为糖分，植物体内的水中溶有糖后，水就不易结冰，这也确是事实。

　　但如果我们仔细一算，就知道这并不是植物耐寒的主要理由。要知道，1000克水中溶解180克葡萄糖后，水的结冰温度才会下降1.86摄氏度，即使这些糖溶液浓到像糖浆一样，也只能使结冰温度下降7至8摄氏度。可见这其中一定另有缘故。

　　原来植物体内的水分有两种，一种为普通水，还有一种叫结合水。所谓结合水，按它的化学组成而言和普通水并无两样，只是普通水的分子排列比较凌乱，可以到处流动，而结合水的分子以十分整齐的队形排列在植物组织周围，和植物组织亲密地结合在一起，不肯轻易分开，因此被叫做结合水。冬天，植物体内的普通水减少了，结合水所占的比例就相对增加。由于结合水要在比零度低得多的温度才结冰，植物当然也就比较耐寒了。

植物的抗冻能力

　　各式各样的植物抗冻力不同，就是同一棵植物，冬天和夏天的抗冻力也不一样。北方的梨树，在零下20摄氏度至零下30摄氏度的温度下能平安越冬，可是在春天却抵挡不住微寒的袭击。松树的针叶，冬天能耐零下30摄氏度的严寒，在夏天如果人为地降温到零下8摄氏度就会被冻死。

究竟是什么原因使冬天的树木变得特别抗冻呢？最早国外一些学者说，这可能与温血动物一样，树木本身也会产生热量，它由导热系数低的树皮组织加以保护的缘故。以后，另一些科学家说，主要是冬天树木组织含水量少，所以在冰点以下也不易引起细胞结冰而死亡。

但是，这些解释都难以令人满意。因为现在人们已清楚地知道，树木本身是不会产生热量的，而在冰点以下的树木组织也并非不能冻结。在北方柳树的枝条、松树的针叶，冬天不是冻得像玻璃那样发脆吗？然而，它们都依然活着。

能抗冻的秘密

树木抗冻的本领很早就已经锻炼出来了。它们为了适应周围环境的变化，每年都用沉睡的妙法来对付冬季的严寒。

我们知道，树木生长要消耗养分，春夏树木生长快，养分消耗多于积累，因此抗冻力也弱。

但是，到了秋天情形就不同了，这时候白昼温度高，日照强，叶子的光合作用旺盛；而夜间气温低，树木生长缓慢，养分消耗少积累多，于是树木越长越胖，嫩枝变成了木质……树木逐渐地也就有了抵御寒冷的能力。

别看冬天的树木表面上呈现静止的状态，其实它的内部变化却很大。秋天积贮下来的淀粉，这时候转变为糖，有的甚至转变为脂肪，这些都是防寒物质能保护细胞不易被冻死。平时一个个彼此相连的细胞，这时细胞的连接丝都断了，而且细胞壁和原生质也离开了，好像各管各的一样。

　　这个肉眼看不见的微小变化，对植物的抗冻力方面起着巨大的作用。当组织结冰时，它就能避免细胞中最重要的部分，原生质不受细胞间结冰而招致损伤的危险。

　　可见，树木的沉睡和越冬是密切相关的。冬天，树木睡得越深，就越忍得住低温，反之，像终年生长而不休眠的柠檬树，抗冻力就弱，即使像上海那样的气候，它也不能露天过冬。

延　伸　阅　读

　　世界上最耐寒的植物：地衣是地球上最耐寒的植物，能在高山带、冻土带和南、北极地区等其他植物不能生存的地方生存，而且能够生长、发育、繁殖得很好，常常形成一望无际的广袤地衣群落。

神奇的植物睡眠

奇怪的植物睡眠

睡眠是我们人类生活中不可缺少的一部分。经过一天的工作或学习，人们只要美美地睡上一觉，疲劳的感觉就都消除了。动物也需要睡眠，甚至会睡上一个漫长的冬季。可现在说的是植物的睡眠，也许你就会感到新鲜和奇怪了。

其实，每逢晴朗的夜晚，我们只要细心观察周围的植物，就会发现一些植物已发生了奇妙的变化。

比如公园中常见的合欢树，它的叶子由许多小羽片组合而成，在白天舒展而又平坦，可一到夜幕降临时，那无数小羽片就成对成对地折合关闭，好像被手碰撞过的含羞草叶子，全部合拢起来，这就是植物睡眠的典型现象。

有时候，我们在野外还可以看见一种开着紫色小花，长着3片小叶的红三叶草，它们在白天有阳光时，每个叶柄上的3片小叶都舒展在空中，但到了傍晚，3片小叶就闭合在一起，垂下头来准备睡觉。花生也是一种爱睡觉的植物，它的叶子从傍晚开始，便慢慢地向上关闭，表示白天已经过去，它要睡觉了。以上只是一些常见的例子，会睡觉的植物还有很多很多，如酢浆草、白屈菜、含羞草、羊角豆……

不仅植物的叶子有睡眠要求，就连娇柔艳美的花朵也要睡眠。例如，在水面上绽放的睡莲花，每当旭日东升之际，它那美

丽的花瓣就慢慢舒展开来，似乎刚从酣睡中苏醒，而当夕阳西下时，它又闭拢花瓣，重新进入睡眠状态。

由于它这种"昼醒晚睡"的规律性特别明显，才因此得名睡莲。各种各样的花儿，睡眠的姿态也各不相同。蒲公英在入睡时，所有的花瓣都向上竖起来闭合，看上去好像一个黄色的鸡毛帚。胡萝卜的花，则垂下头来，像正在打瞌睡的小老头。

有些植物的花白天睡觉，夜晚开放，如晚香玉的花，不但在晚上盛开，而且格外芳香，以此来引诱夜间活动的蛾子来替它传授花粉。

还有我们平时当蔬菜吃的瓠子，也是夜间开花，白天睡觉，所以人们称它为夜开花。令我们不解的一个问题是植物的睡眠能给植物带来什么好处呢？

植物睡眠的优点

最近几十年，科学家围绕着植物睡眠运动的问题，展开了广泛的讨论。最早发现植物睡眠运动的人，是英国著名的生物学家达尔文。100多年前，他在研究植物生长行为的过程中，曾对69种植物的夜间活动进行了长期观察，发现一些积满露水的叶片，因为承受到水珠的重量往往比其他的叶片容易受伤。

后来他又用人为的方法把叶片固定住，也得到相类似的结果。在当时，达尔文虽然无法直接测量叶片的温度，但他断定叶片的睡眠运动对植物生长极有好处，也许主要是为了保护叶片抵御夜晚的寒冷。

达尔文的说法似乎有一定道理，可是它缺乏足够的实验证据，所以一直没有引起人们的重视。直至20世纪60年代，随着植物生理学的高速发展，科学家们才开始深入研究植物的睡眠运动，并提出了不少解释它的理论。

起初，解释睡眠运动最流行的理论是月光理论。提出这个论点的科学家认为，叶子的睡眠运动能使植物尽量少遭受月光的侵害，因为过多的月光照射，可能干扰植物正常的光周期感官机制，损害植物对昼夜长短的适应。

然而，使人们感到迷惑不解的是，为什么许多没有光周期现象的热带植物，同样也会出现睡眠运动，这一点用月光理论是无法解释的。后来科学家们又发现，有些植物的睡眠运动并不受温度和光强度的控制，而是由于叶柄基部中一些细胞的膨压变化引起的。例如，合欢树、酢浆草、红三叶草等，通过叶子在夜间的闭合，可以减少热量的散失和水分的蒸腾，起到保温保湿的作用，尤其是合欢树，叶子不仅仅在夜晚会关闭睡眠，在遭遇大风大雨袭击时也会渐渐合拢，以防柔嫩的叶片受到暴风雨的摧残。这种保护性的反应是对环境的一种适应，与含羞草很相似，只不过反应没有含羞草那样灵敏。

是温度在作怪吗

随着研究的日益深入，各种理论观点——被提了出来，但都不能圆满地解释植物睡眠之谜。

正当科学家们感到困惑的时候，美国科学家恩瑞特在进行了一系列有趣的实验后提出了一个新的解释。

他用一根灵敏的温度探测针，在夜间测量多花菜豆叶片的温度，结果发现不进行睡眠运动的叶子温度，总比进行睡眠的叶子温度要低一摄氏度左右。

恩瑞特认为，正是这仅仅一摄氏度的微小温度差异，已成为阻止或减缓叶子生长的重要因素。因此，在相同的环境中，能进行睡眠运动的植物生长速度较快，与其他不能进行睡眠运动的植物相比，它们具有更强的生存竞争能力。

植物午睡的习惯

植物睡眠运动的本质正不断地被揭示。更有意思的是科学家们发现，植物不仅在夜晚睡眠，而且竟与人一样也有午睡的习惯。小麦、甘薯、大豆、毛竹甚至树木，众多的植物都会午睡。

原来，植物的午睡是指中午大约11时至下午14时，叶子的气孔关闭，光合作用明显降低这一现象。这是科学家们在用精密仪器测定叶子的光合作用时观察出来的。

科学家们认为植物午睡主要是由于大气环境的干燥和火热。午睡是植物在长期进化过程中形成的一种抗衡干旱的本能，为的是减少水分散失，以利在不良环境下生存。

由于光合作用降低，午睡会使农作物减产，严重的可达1/3甚至更多。为了提高农作物产量，科学家们把减轻甚至避免植物午睡，作为一个重大课题来研究。

我国科研人员发现，用喷雾方法增加田间空气温度，可以减

轻小麦午睡现象。实验结果是小麦的穗重和粒重都明显增加，产量明显提高。可惜喷雾减轻植物午睡的方法，目前在大面积耕地上应用还有不少困难。

随着科学技术的迅速发展，将来人们一定会创造出良好的环境，让植物中午也高效率地工作，不再午睡。

延 伸 阅 读

在植物界中，太阳花就是一个贪睡的小家伙，它在上午10时才刚刚醒来，绽开出五颜六色的花儿，可是一过中午，它的花就又闭合起来睡眠了。碰到阴天，就变得很贪玩，要到傍晚才进入梦乡。

植物为何会发热

发热的植物

植物王国，种类繁多，现已知道的约有50多万种，无论是干旱少雨的沙漠、终年积雪的高山，还是气候极为恶劣的南北极地，都有它们的踪迹。这些植物在漫长的进化过程中，之所以能够生存下来，是因为它们有着适应环境的奇特本领。有的植物简直令人惊奇！

在冰天雪地的北极，几乎终年严寒酷冷，即使是夏季，气温

也常常在零摄氏度以下，然而生长在那里的植物却能在冰雪中开花结实。科学家惊奇地发现，这些植物的花朵温度总是要比外界高一些。

那么，这些植物的花朵为什么会放出热量呢？这一直是科学家们百思不得其解的问题。

到了20世纪80年代初期，瑞典植物学家等人发现，北极的大部分植物的花朵都有向着太阳转动的习性。因此，他们猜想，这也许与花朵温度的升高有关。

为了证实这种推测是否正确，他们做了一个有趣的实验：用细铁丝将仙女木的花萼固定，使它不能向阳转动，并在花上安放一个带有很细金属探针的温差电阻来测定温度。

当太阳升起时，测出被固定的花朵比未被固定的花朵温度低0.7摄氏度。这一实验结果，似乎揭开了北极植物花朵升温之谜。

但是，后来发现在南美洲中部的沼泽地里，生长着一种叫臭菘的植物，每年三四月份天气还相当寒冷时，它的花朵已经绽开。

据测定，臭菘在长达两周的花期里，它的花苞里始终保持在22摄氏度的温度，比周围气温高20摄氏度左右。花有臭味，却引诱着昆虫飞去群集，成为理想的御寒暖房。显然，用植物向阳转动的理论，是无法解释臭菘花苞的恒温和高出气温20摄氏度这一奇妙现象。

有一种叫做"斑时阿若母"的百合科草本植物。这种植物在环境气温为4摄氏度时，花的体温可达40摄氏度左右。

这种发热植物的花温为什么如此之高？科学家发现，这种植物在开花之前，已在花的组织里贮存了大量的脂肪。开花时，脂肪进入组织细胞内，发生强烈的氧化作用从而释放出大量的热能，所以造成了花温较高的结果。

另一种发热的植物叫做"佛焰"，它的雌蕊和雄蕊都隐藏在苞的深处。为了能在花开之后请到媒人，它把

花温急剧升高，散发臭味，如同发热的腐烂的动物尸体或发酵的粪堆发出的气味，于是一种对热敏感、喜欢吃腐烂物的蝇就急急忙忙赶来，为它们做媒，完成了传授花粉的伟业。这是植物发热的第二功能。

此外，佛焰发热，还可以使四周的风转变成围绕着佛焰花序旋转的涡流，而且这种涡流不受外界风向的影响，并能把四周各个方向吹来的风转向佛焰苞的开口处。这样，不仅能使热量均匀地分布在整个佛焰苞内，使整个花朵能融化厚雪的覆盖，而且，更令人惊奇的是，佛焰花序周围的涡流能把顶端成熟的花粉吹到下部未经授粉的花朵内，从而达到没有蝇为媒，利用热气流为媒也能成亲的目的。

植物发热的奥秘

植物学家通过研究和探索，终于揭开了其中的奥秘。原来，在臭菘的花朵中有许多产热细胞，产热细胞内含有一种酶，能够氧化光合产物、葡萄糖和淀粉释放出大量的热量。

不久前，科学家发现喜林芋属的一种芳香植物，它的产热本领更高，它能像热血动物那样，用脂肪作燃料来产生热量，因此产热效率更高。在开花期间，花中的温度可高达37摄氏度。

植物的产热现象，引起了植物学家们的极大兴趣。他们对此做了进一步的探索，不但在这类植物的花中发现了产热细胞，而且在其根部和韧皮部等部位也发现了产热细胞。

植物发热的意义

那么，植物发热对其本身有什么意义呢？

有的学者认为，植物花朵发热，可以促进花香四溢，引诱昆虫前来为它们传粉。尽管臭菘的花有臭味，但却可招引臭昆虫前来传粉。

　　也有的学者认为，发热植物多生长在寒冷的地方，产热有利于植物体内的物质运输和生化反应，从而提高植物对严寒的抵抗能力，同时，发热植物的花朵里的温度比外界气温高出许多，自然就成了昆虫的理想御寒场所，昆虫前来寄宿，也就帮助传播了花粉。因此，植物的发热本领，是对寒冷环境的一种适应能力。目前，关于植物发热的问题，科学家还没有一个统一的看法，还有待于人们去进一步研究和探索，才能完全揭开这个谜。

延　伸　阅　读

　　在阿尔卑斯山生长着一种奇异的植物，它有一种奇特的放热本领。在种子成熟将要散落时，它就放出一些热量，使植株周围的积雪融化，这样种子就不会落在冰雪之中，而是直接落在土壤上了，这就为种子萌发和后代生存创造了有利的条件。

人类离不开的植物

蔬菜的营养价值

人体中的营养素，除了要从水果中获取之外，也离不开蔬菜的供给。蔬菜中含有大量的纤维素，能有抑制肠癌的发病率，对人体的新陈代谢起到很好的作用。

　　蔬菜一般多属于草本植物，是人们在日常饮食中不可缺少的食物之一。据营养学家介绍，人体所必需的90%的维生素C和60%的维生素A都来自于蔬菜。除此之外蔬菜中还含有多种多样的植物化学物质，如胡萝卜素、二丙烯化合物、甲基硫化合物等对人体有益的营养成分。但医学专家推荐，不同体质的人每天都要选择不同种类的蔬菜。

　　现在，世界上因环境污染而导致20多亿或者是更多人患各种各样的疾病。

　　研究发现，解决因环境污染而产生的氧自由基的问题，最有效的办法之一就是在食物中增加抗氧化剂协同清除过多的有破坏性的活性氧、活性氮。而蔬菜中含有的多种维生素和矿物质以及各种植物化学物质等都是很好的抗氧化剂，所以蔬菜不仅是低糖、低脂的健康食物，同时还可以预防疾病，减少环境污染对人体的危害。

十字花科甘蓝类蔬菜中含有丰富的维生素C、萝卜硫素、异硫氰酸盐、类胡萝卜素，对防治肿瘤和心血管疾病有很好的作用，如青菜花、花菜、芥蓝等。

豆类中含有丰富的黄酮、异黄酮、蛋白酶抑制剂、肌醇、大豆皂苷、维生素B，对降低血胆固醇调节血糖，减低癌症发病及防治心血管、糖尿病等都能起到很好作用，一直以来都是人们喜爱的食物。

有的人很排斥葱、蒜类蔬菜，因为在吃完葱、蒜之后有股很

难闻的气味。但是它含丰富的二丙烯化合物、甲基硫化物等多种功能植物化学物质，有利于防治心血管疾病，常食可预防癌症，还能消炎杀菌。所以不能偏食，要注意均衡营养。

番茄属茄果类蔬菜，它含有丰富的茄红素高抗氧化剂能抗氧化，降低前列腺癌及心血管疾病的发病；茄子中含有多种生物碱，有抑癌、降低血脂、杀菌、通便作用；辣椒、甜椒含丰富维生素、类胡萝卜素、辣椒多酚等能够增强血凝溶解，有"天然阿司匹林"之称。因此茄果类蔬菜也是人们可以首选的蔬菜。

蔬菜与维生素

许多人不喜欢吃蔬菜，认为吃蔬菜只是补充维生素，吃一些维生素制剂就可以了。

其实，这种想法是不正确的，因为蔬菜中的维生素是按照一定的比例存在的，而维生素制剂多是人工合成的，二者在性质上是有很大差别的。

其次，蔬菜中除了含有一些维生素，还有丰富的矿物质、微量元素和碳水化合物、纤维素等这是任何的维生素制剂都无法代替的，所以说蔬菜的营养成分比维生素制剂全面的多，它是任何制剂都无法取代的。

但是需要注意的是虽然维生素制剂不能替代蔬菜，但同样蔬菜也不能替代维生素制剂。

如我国有很大部分人都缺少维生素C，如果单纯的依靠蔬菜补充，是很难做到的。

因为维生素C是水溶性的成分，在洗的时候很容易将营养成分丢失，它也很怕高温，经烹调之后会被破坏掉，而且蔬菜放的时

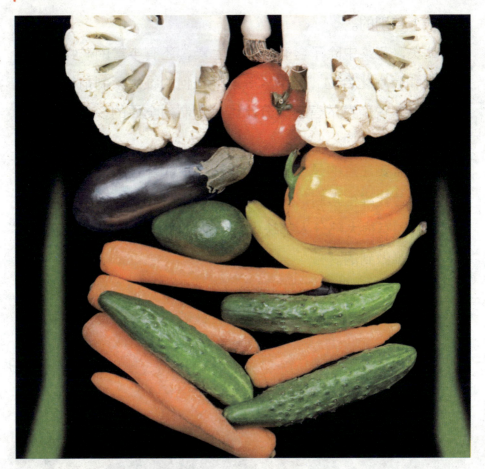

间越长，维生素C受到的损失就越大，最重要的是如果要想通过蔬菜来补充维生素C，要充分搭配蔬菜的颜色，不同颜色的蔬菜所含的营养素也不同。

所以，要补充维生素，最好的办法是在食用蔬菜的同时摄入一定量的维生素制剂。

有机蔬菜

有机蔬菜就是指按照有机农业生产体系生产出来的蔬菜，但也不是说只要是经过有机的农业生产方式生产出来的蔬菜都是有机蔬菜，因为它还要经独立的有机食品认证机构认证才允许使用有机食品标志的蔬菜，这样才是真正合格的有机蔬菜。

为了保证有机蔬菜高质量、无污染和营养丰富的特点，它所要求的生产技术和环境质量都比较高。

如在加工过程中不使用农药、化肥等化学物质，必须是完全的按照国际有机农业生产标准生产；生产不使用基因技术，还要经过有关部门严格的质量控制和审查。

每天要保证蔬菜的摄入量

营养专家表明，成人必须保证每天吃1千克蔬菜。但是很多人低估了它的营养价值，认为这是没有必要的。其实，人体的大部分营养都是从蔬菜中获得的。

随着社会的发展，环境污染越来越严重，降低环境对人体的危害的最好的办法就是每天吃一定量的新鲜蔬菜。在一些发达的国家，为了让人们日常生活中能够摄入一定量的蔬菜营养，一些商家生产了一些浓缩的蔬菜晶，但由于价格很高，并没有进入国内市场。

延 伸 阅 读

人类必需的15种重要食用植物：水稻、小麦、大麦、玉米、高粱、大豆、豆类、甜菜、甘蔗、花生、马铃薯、薯芋、木薯、椰子、香蕉。粮食作物的5大台柱：水稻、小麦、大麦、高粱、玉米。

营养丰富的植物

水果的营养价值

水果是一些可食用的植物果实或者是种子的总称。它含有丰富的维生素和丰富的糖分，可以直接被人体吸收，可以增强人的抵抗力，是人们日常生活中重要的营养品。

它一般具有以下几个特点：水果中含有丰富的汁液；含有较多的可溶性糖分；通常可以生吃；它可以作为辅食在正常的三餐之外食用。

人们常认为汁液越多的水果营养价值越高，其实也不一定是这样。如香蕉的汁液虽然不多，但它的果肉含有丰富的可溶性糖分和乙酸异溶酯为主的挥发性芳香物质。

还有人认为小番茄（又称圣女果）不是水

果，其实它的营养物质符合水果最基本的特征，也可以独立于三餐外食用，称得上是小型的水果。

对健康有好处的水果

（1）含有叶酸的水果

叶酸是人体一项最基本的营养素，它与DNA生成有很重要的关系。人们要经常摄入适量的叶酸，尤其是怀孕初期的人，更是要补充叶酸，可帮助胚胎很好的发育，同时预防贫血。如苹果、芒果、木瓜、猕猴桃、香蕉等。

（2）降压水果

人到中老年，免不了会出现血压偏高的症状，这个时候就可以吃一些降压类的水果。如山楂、西瓜、梨、菠萝等。

（3）美容水果

皮肤衰老的原因是长时间的在外面经受空气中有害物质的损失和紫外线的照射，导致的面部的毛细血管扩张，皮脂腺分泌减少。但水果中含有丰富的抗氧化物可以滋养皮肤，如香蕉、苹果、草莓、橙子等。

（4）减肥水果

有些水果中含有丰富的食物纤维能给肠腔提供各种营养物质，可帮助人们消化，促进人体的新陈代谢，有很好的减脂肪效果，如苹果、柚子、火龙果等。

（5）延缓衰老的水果

猕猴桃内含有各种维生素及其他的营养成分，而且它的热量也很低，它所含的氨基酸能帮助人体制造激素，延缓人体的衰老，这是当今社会人们不断加快节奏的生活的一种活力机体。

（6）保护眼睛的水果

丰富的维生素C可以保证人体眼底供血，如猕猴桃、柠檬等。

（7）抗癌的水果

水果中含有人体所必需的营养元素，有的多吃可以降低患癌症的几率，如猕猴桃、苹果、橙子、葡萄等。

（8）维生素C含量高的水果

据测定一个成人每天需要60毫克维生素C。它是人体所必需的营养素，可以促进人体健康成长。而猕猴桃、大枣、草莓、枇杷、橙子、橘子、柿子等水果可以满足这样的需求。

水果亦暗藏杀机

通常认为，水果的营养成分那么高，那每天都要多吃一些水果，吃得越多对人体就越有好处。事实上，这种想法是错误的。

水果固然是有助于人体健康的好食物，但是也要因人而异，要防止因食多了水果，给人体造成不必要的损失。

　　比如：水果中都含有糖分，糖尿病患者不宜多吃；苹果中含有的糖分和钾盐，吃多了会对人的心脏产生不良影响，冠心病患者和心肌梗塞的患者都是不宜多吃的；橘子是良性的水果，肾肺功能虚弱的老人吃多了会引起肠胃不适；便秘或者是肠胃不好的人不宜多吃柿子，因为柿子中含有的柿胶酚在人体中得不到消化很容易形成柿石；菠萝中虽然含有丰富的维生素和柠檬酸等，还有止泻、助消化的作用，但是特殊体质的人吃了之后容易发生腹痛或者是呕吐等症状。

水果为什么可以解酒

　　在醉酒后吃一些带酸味的水果可以用来解酒。因为水果中含有机酸，而酒里的主要成分就是乙醇，有机酸与乙醇相互作用，可以起到一定的解酒作用。

饭后不宜吃水果

人们常以为，在饭后吃一些水果有助于消化。其实，这个想法是错误的，在饭后立即吃水果不仅不会利于人体的消化，甚至还会因肠道阻塞而导致胃胀，对人体的健康造成一定的伤害。

延 伸 阅 读

研究表明，不同的水果有不同的保健功效：桃子的含铁量居水果之冠，杏子的止咳润肠通便效果好，西瓜清热解署又利尿，木瓜能医治蛋白质消化障碍，菠萝可分解蛋白质消血块，草莓能降低日晒疼痛，葡萄的抗氧化效果好。

植物也有喜怒哀乐

荒诞的念想

1966年2月的一天上午，有位名叫巴克斯特的情报专家正在给庭院里的花草浇水，这时他脑子里突然出现了一个古怪的念头，也许是经常与间谍、情报打交道的缘故，他竟异想天开地把测谎仪器的电极绑到一棵天南星植物的叶片上，想测试一下水从根部到叶子上升的速度究竟有多快。

结果，巴克斯特惊奇地发现，当水从根部徐徐上升时，测谎

仪上显示出的曲线图，居然与人在激动时测到的曲线图形很相似。难道植物也有情绪？如果真的有，那么它又是怎样表达自己的情绪呢？

巴克斯特暗下决心，要找到问题的答案。

巴克斯特做的第一步，就是改装了一台记录测量仪，并把它与植物相互连接起来。

接着他想用火去烧叶子。就在他刚刚划着火柴的一瞬间，记录仪上出现了明显的变化。燃烧的火柴还没有接触到植物，记录仪的指针已剧烈地摆动，甚至超出了记录仪的边缘。显然，这说明植物已产生了很强烈的恐惧心理。

后来，他又重复多次类似的实验，仅仅用火柴去恐吓植物，但并不真正烧到叶子。

结果很有趣，植物好像已渐渐感到这仅仅是威胁，并不会受到伤害。于是再用同样的方法就不能使植物感到恐惧了，记录仪上反映出的曲线变得越来越平稳。

后来，巴克斯特又设计了另一个实验。他把几只活海虾丢入沸腾的开水中，这时植物马上陷入极度的刺激之中。试验多次，每次都有同样的反应。

实验结果变得越来越不可思议，巴克斯特也越来越感到兴奋。他甚至怀疑实验是否完全正确严谨。为了排除任何可能的人为干扰，保证实验绝对真实，他用一种新设计的仪器，不按事先规定的时间自动把海虾投入沸水中，并用精确至十分之一秒的记录仪记下结果。

巴克斯特在3间房子里各放一棵植物，让它们与仪器的电极相连，然后锁上门，不允许任何人进入。

第二天，他去看试验结果，发现每当海虾被投放沸水后的6秒

至7秒钟后，植物的活动曲线便急剧上升。根据这些，巴克斯特提出，海虾死亡引起了植物的剧烈曲线反应，这并不是一种偶然现象，几乎可以肯定，植物之间能够有交往，而且，植物和其他生物之间也能发生交往。

巴克斯特的发现引起了植物学界的巨大反响。有个研究者大胆地提出，植物具备心理活动，也就是说植物会思考，也会体察人的各种感情。

他甚至认为，可以按照不同植物的性格和敏感性对植物进行分类，就像心理学家对人进行的分类一样。

植物愤怒的表现

日本的生物学教授三和广行等科学家经做过如下试验：将电极插入植物的叶片内，并连通到电流表上，借以测量叶片所释放的生物电能，然后再将所测得的电能放大，再用扩大器播放出来，就听到了植物发出的声音。

如果将植物的枝叶折断，或者让昆虫咬它们的叶子，植物同样会因为"疼痛"而呜呜"哭泣"。

当西红柿生长缺水时，它们也会发出"呼喊"声，若"呼喊"后仍得不到水"喝"，"呼喊"声就会变成"呜咽"声。这种声音是那些从根部向叶子传导水分的导管在萎缩时发出的。当它们缺水时，导管内的压力明显上升，直到相当于轮胎碾压的25倍，造成这些导管破裂而发出"哭泣"声。

近年来，植物学家通过现代科技，发现了植物的一个奇特现象：每当有凶杀案在植物附近发生时，植物会产生一种特殊的"愤怒"反应，并记录下凶杀过程的每个细节，是一个不为人注意的现场"目击者"。

对此，美国植物学家柏克斯德博士曾进行过多次试验：在一盆仙人掌前组织几个人搏斗，结果，接在仙人掌上的电流，会把

仙人掌的整个反应记录全部变成电波曲线图，可以通过这些电波曲线图了解凶杀打斗的全部过程。

美国科学家们预言：无需多少年，一些凶杀案件的侦破，就可求助于凶杀现场的植物。

美国科学家说，因为植物可充当"目击者"，也就是说可以由植物语言学家充当翻译，译出植物记录下的凶杀过程，为判断死者是自杀或他杀提供重要线索。

喜怒哀乐的表现

人们对植物情感的研究兴趣更趋浓厚了。科学家们开始探索"喜怒哀乐"对植物究竟有多少影响。

有一位科学家每天早晨都为一种叫加纳茅菇的植物演奏25分钟音乐，然后在显微镜下观察其叶部的原生质流动的情况。

结果发现，在奏乐的时候原生质运动得快，音乐一停止即恢复原状。

他对含羞草也进行了同样的实验。听到音乐的含羞草，在同样条件下比没有听到音乐的含羞草高1.5倍，而且叶和刺长得满满的。

其他科学家们在实验过程中还发现了一个有趣的现象：植物喜欢听古典音乐，而对爵士音乐却不太喜欢。

前苏联科学家维克多做过一个有趣的实验。他先用催眠术控制一个人的感情，并在附近放上一盆植物，然后用一个脑电仪，把人的手与植物叶子连接起来。

当所有准备工作就绪后，维克多开始说话，说一些愉快或不愉快的事，让接受试验的人感到高兴或悲伤。

这时，有趣的现象出现了，植物和人不仅在脑电仪上产生了类似的图像反应，更使人惊奇的是当试验者高兴时，植物便竖起

叶子，舞动花瓣；当维克多在描述冬天寒冷，使试验者浑身发抖时植物的叶片也会瑟瑟发抖；如果试验者感情变化为悲伤，植物也出现相应的变化，浑身的叶片会沮丧地垂下了头。

　　尽管有以上众多的实验依据，但关于植物有没有情感的探讨和研究，迄今还没有得到所有科学家们的肯定，有无数值得深入了解的未知之谜等待着人们去探索、揭晓。

延　伸　阅　读

　　为了能更彻底地了解植物如何表达感情的奥秘，英国科学家和日本科学家特意制造出一种植物活性翻译机。这种仪器非常奇妙，只要连接上放大器和合成器，就能够直接听到植物发出的声音。

为什么杂草除不尽

杂草的危害

杂草不仅主要指草本植物，还包括有灌木、藤本及蕨类植物等，这些长错了地方的野生植物都是杂草。杂草危害农作物和经济作物，它们与作物争肥、争水、争光照，有些杂草还是作物病

虫害的寄主和越冬的场所。

据调查，世界范围内的农业生产每年受杂草危害损失达10％左右，仅美国每年由于杂草造成的谷物损失就达90亿美元至100亿美元。我国因遭受杂草的危害，每年损失粮食约200亿千克、棉花约500万担、油菜子和花生约两亿千克。长期以来，杂草就是农业生产上的一大灾害。年年除杂草，岁岁杂草生。为什么杂草有这样强的生命力呢？

生命力顽强的杂草

首先，杂草有惊人的繁殖力。一棵稗草能结种子1.3万粒，狗舌草能结2万粒，刺菜3.5万粒，龙葵17.8万粒，广布苋18万粒，加拿大飞蓬24.3万粒，日苋50万粒。我国东北地区水边滋生的孔雀草，茎秆只有0.1米高，却能结籽1.85万粒，种子重量竟占全棵总重的70％。

杂草不仅产籽多，而且种子的寿命长，可连续在土壤中存在多年而不失发芽能力。

稗子在水中可存活5年至10年，狗尾草可在土中休眠20年，马齿苋种子的寿命是100年。

在阿根廷一个山洞里所发现的3000年前的苏菜种子仍能发芽。而一般作物种子的寿命不过几年，要想找一棵隔年自生自长的庄稼，那是很困难的。

其次，杂草具有顽强的生命力。有些杂草耐旱、耐寒、耐盐碱；有些杂草能耐涝、耐贫瘠。严重的干旱能使大豆、棉花等许多作物干枯致死，而马唐、狗尾草等仍能开花结籽。

　　热带地区的杂草仙人掌，在室内风干6年之后还能生根发芽。凶猛的洪水能把水稻淹死，而稗草以及莎草科的一些杂草却能安然无恙。多数杂草都有强大的根系、坚韧的茎秆。多年生杂草的地下茎，具有很强的营养繁殖能力和再生力，折断的地下茎节，几乎都能再生成新棵。

　　同一棵杂草结的种子，落在地上不一定都能迅速发芽，有的春天发芽，有的夏季萌发，甚至还有的隔很多年以后再发芽。这种萌发期的参差不齐是杂草对不良环境条件的一种适应。

　　再次，杂草种子具有利用风、水流或人及动物的活动广泛传播的特性。蒲公英、刺菜、白茅等果实有毛，可随风云游。异型莎草、牛毛草和水稗的果实,能顺水漂荡。苍耳、猪殃殃、鬼针草、野胡萝卜等果实上的刺或棘刺等能牢牢地附着在人或鸟兽身上,借以散布到远处去。

通过文化、贸易交流,杂草也会"免费"旅游全球。杂草到了新环境,一般会比在原产地生长得更旺盛。例如,无刺仙人掌被请到澳洲原想作为饲料用,但时隔不久,这位贵客仅在昆士兰一地就使3000万英亩的土地变成了荒地。美国为了护坡、护岸和扩大饲料来源,从日本引进了金银花和葛藤。后来,这些植物使大片森林受损,并迫使美国人向"绿魔"宣战。

在生存竞争的过程中,杂草比一般作物确实有许多有利的条

件，因而田间的杂草是很难除净的。随着科学技术的发展，农业科技工作者和生产者正在研究各种杂草的生长发育规律，探索新的农田杂草防除方法。现在杂草及其防除日渐成为一门新的独立学科。

延　伸　阅　读

　　化学除草是根据除草剂对作物和杂草之间植株高矮和根系深浅不同所形成的位差、种子萌发先后和生育期不同所形成的时差，以及植株组织结构和生长形态上的差异、不同种类植物之间抗药性的差异等特性而实现的。

花开花落时间之谜

白天开花的植物

花开花落是植物生长的一种自然规律，那为什么有的花喜欢白天开放，而且是五彩缤纷，有的花则愿意在傍晚盛开，花则多为白色，又有的花是昼开夜合呢？

在常见的植物中，大都是在白天开花。这是因为在阳光下，花的表皮细胞内的膨胀压大，上表皮细胞生长得快，于是花瓣便向外弯曲，花朵盛开。

花儿白天开，在阳光下花瓣内的芳香油易于挥发，加之五彩

缤纷的花色能够吸引许多昆虫前来采蜜。昆虫采蜜时便充当了花的红娘为其传授花粉，这样有利于花卉结籽，繁殖后代。

晚上开花的植物

那么，为什么有的花则偏偏喜欢在晚上开放，而花朵又多是白色的呢？植物之所以要开花，是为了吸引昆虫来传粉。植物在夜里开的花，最初也是多种多样颜色的，但由于白花在夜里的反光率最高，最容易被昆虫发现，为其做媒传授花粉。因此，在长期的发展演化过程中，夜里开白花的植物被保存了下来，而夜里开红花、蓝花的植物，因不易被昆虫发现并为其传授花粉，而失去了繁衍后代的机会，逐渐被淘汰了。

夜晚开花的晚香玉

月朗星稀、微风轻拂的夏夜，晚香玉悄然绽开洁白似玉的花

蕾，飘散出阵阵沁人心脾的幽香。这盛夏的娇儿，不知让多少喜爱花草的人们心醉神迷。

晚香玉，又叫夜来香、月下香。它名副其实，夏季里每当晚19时前后，花苞相继开放。如果留意，用肉眼就可以观察到花苞是怎样绽开的。一朵花苞开放只需4秒至5秒的时间。晚香玉的花苞一开放，便飘散出股股清香，它的香清而不浊，和而不猛，使人心旷神怡。

晚香玉十分受养花人的钟爱，它不需要特别细心的培植、管理。只要把一个晚香玉小块茎埋入土里，凭借着天然雨水滋润，它就会抽芽、长大、开花、结果。

晚香玉的棵茎，是从叶中抽出的柔嫩的枝条，然而，它能在这一枝条上开花多达30多朵，自下而上盛开出来的喇叭形花朵，花期达一月有余。晚香玉不仅可美化庭院，且其花可插瓶，是用

做室内观赏的佳品。另外，其叶、花、果均可入药，有利于人体健康。

晚香玉夜里开花之谜

那么，晚香玉为什么总是在夜里传送浓郁的花香呢？原来晚香玉花瓣上的气孔，是与外界交换气体的通道。在空气湿度大时，这个通道张开，空气干燥时合拢。

因白天的气温高，那花瓣便含羞似地合拢着。傍晚的时候温度降低，气候凉爽，蒸腾减少，空气的湿度增大，于是花瓣上的气孔便全部张开。随着花呼吸作用的进行，把它内在的挥发性芳香物质飘散到空气中去，也就把缕缕清香带给人们了。

花开花落的起由

植物中还有的花是白天盛开，而夜里又闭合起来。如睡莲、郁金香，它们的花白天竞相开放，而当夜幕降临时，便闭合起来，到来日则又继续开放。这又是为什么呢？花的昼开夜合现象是植物的睡眠运动引起的。

这种运动的产生，一种是因温度变化引起的。如晚上温度低时它便闭合起来。如果把已经闭合的花移到温暖的地方，3分钟至5分钟后便会重新开放；另一种是由于光线强弱的变化引起的。如花在强光下开放，弱光下闭合。

花儿颜色多变原因

花开时节，花香阵阵，芳香郁郁。那一枝枝，这一<u>丛丛</u>，如云似霞。红的似火，黄的如金，白的像雪，千姿百态，万紫千红，满园春色。花为什么会有这么多的颜色？

原来，花瓣的细胞液中含有叶绿素、胡萝卜素等有机色素，它们像魔术大师把花变得五颜六色。遇到酸性时，细胞就成红色；遇到碱性时，细胞变为蓝色；遇到中性时，细胞又变为紫色。

摘一朵牵牛花做试验：把红色的牵牛花泡在肥皂水里，因为遇到碱性，它便由红色摇身一变变为蓝色；再把这朵花放在醋

里，由于遇到酸性，它又恢复原色。

花青素的变魔术本领更为惊人，它不仅能使许多鲜花色彩斑斓，而且还能使花色变化多端。如棉花的花朵初绽时为黄白色，后变红色，最后呈紫红色，完全是受花青素影响的结果。当不同比例、不同浓度的花青素、胡萝卜素、叶黄素等色素相互配合后，就会使花呈现出千差万别的色调。

大部分黄花本身不含花青素，完全是胡萝卜素在起作用；有些黄花当含有极淡的花青素时，就变成橙色。由此可见，万紫千红的花完全是由于花青素和其他各种色素相互配合的结果。

一般来说，有机色素以叶绿素为主体时，花可显青色和绿色，如绿月季等；以花青素为主体时，可呈红色、蓝色和紫色，如玫瑰等；以胡萝卜素、类胡萝卜素为主体时，则呈黄色、橙色和茶色，如菊花等。

世界上开花植物多达4000余种，其花异彩纷呈，常见的有

白、黄、红、蓝、紫、绿、橙、褐、黑等9种颜色。大多数花在红、紫、蓝之间变化着，这是花青素所起的作用；其次是在黄、橙、橙红之间变化着，这是胡萝卜素施展的本领。

据统计，世界上各种植物的花色中，最多的是白色，约占28％，白色的花瓣不含任何色素，只是由于花瓣内充斥着无数的小气泡才使它看起来像白色；其次是黄色；红色列为第三；再其次是蓝色、紫色；较少的是绿色，如菊花中的绿菊，其花瓣就是令人赏心悦目的绿色；最为罕见的是黑色，如墨菊，为菊中之珍品，黑郁金香也被列为花之名贵品种。

花儿有香味之谜

众多植物中，除少数外，多数植物的花是芳香的。那花儿为什么是香的呢？原来，在花卉的叶子里含有叶绿素，叶绿素在阳光照射下，进行光合作用的时候，产生了一种芳香油，它贮藏在花朵里边。这种芳香油极易挥发，当花开的时候，芳香油就随着水分挥发而散发出香味来，这就是人们闻到的花香。

由于各种花卉所含的芳香油不同，所散发出来的香味就不一样：有的浓郁，有的淡雅。一般来说花香的浓淡和开花的地点有着密切的关系。生长在热带的花卉，香气大都浓而烈；而生长在寒带的花卉，香气多是淡而雅。

另外，通常花的颜色越浅，香味越浓烈；颜色越深，香味越清淡。白色和淡黄色花的香味最浓。其次是紫色和黄色的花，浅蓝色花的香味最淡。

延 伸 阅 读

一般来说，天气晴朗、阳光强烈、温度升高的时候，花瓣中芳香油挥发得比较快，飘得也比较远，所以香味会比较浓一些。而在阴雨天或阳光弱、温度低的情况下，花香就较淡。